Saba DEWANOU
Semede Jude AïZANNON
Mouléro Eunock DO REGO

Gestão pós-colheita

Saba DEWANOU
Semede Jude AïZANNON
Mouléro Eunock DO REGO

Gestão pós-colheita

Efeitos do ethephon e da temperatura nos citrinos

ScienciaScripts

Imprint

Any brand names and product names mentioned in this book are subject to trademark, brand or patent protection and are trademarks or registered trademarks of their respective holders. The use of brand names, product names, common names, trade names, product descriptions etc. even without a particular marking in this work is in no way to be construed to mean that such names may be regarded as unrestricted in respect of trademark and brand protection legislation and could thus be used by anyone.

Cover image: www.ingimage.com

This book is a translation from the original published under ISBN 978-620-7-99596-7.

Publisher:
Sciencia Scripts
is a trademark of
Dodo Books Indian Ocean Ltd. and OmniScriptum S.R.L publishing group

120 High Road, East Finchley, London, N2 9ED, United Kingdom
Str. Armeneasca 28/1, office 1, Chisinau MD-2012, Republic of Moldova, Europe
Printed at: see last page
ISBN: 978-620-7-99290-4

Dedicatórias

A Deus, o pai, por todas as maravilhas que realiza todos os dias na minha vida. Ao meu pai DEWANOU Pierre e à minha mãe KATCHEWIN Celestine por todos os conselhos, apoio moral e financeiro e todos os sacrifícios feitos desde o meu nascimento até hoje. Aos meus irmãos pelo seu apoio.

Índice

Dedicatórias 1

Resumo 3

Introdução 5

1- Objectivos do estudo 7

2- Materiais e métodos 7

   2-1- Materiais biológicos 7

   2-2- Equipamento técnico 9

3- Apresentação do equipamento 10

4- Métodos 26

5- Resultados e discussão 29

   5-1- Grupo 1 29

   5-2- Grupo 2 32

   5-3- Grupo 3 36

   5-4- Grupo 4 41

   5-5- Grupo 5 46

Conclusão 50

Referências 51

Resumo

Os citrinos são um magnífico fruto cultivado, mundialmente conhecido pelas suas propriedades nutricionais, industriais e medicinais. A maioria dos consumidores prefere laranjas de cor laranja ou amarela. No entanto, a tecnologia de descoloração que utiliza o etileno para melhorar a cor da casca da laranja é impraticável, uma vez que este existe na forma de gases, pelo que pode ser substituído pela utilização do Ethephon. O Ethephon é mais prático de utilizar porque se trata de um líquido.

O objetivo deste estudo é avaliar o efeito do ethephon e da temperatura e o efeito combinado dos factores na qualidade dos frutos de laranja, particularmente em termos de peso e cor no processo de maturação, após diferentes tratamentos e condições de conservação. Para avaliar o efeito do ethephon nos frutos de laranja, utilizámos um total de 16 laranjas. Para esta avaliação, foram preparadas três soluções. Em primeiro lugar, dissolveu-se 10mL de ethephon num litro de água, ou seja, 1%; em segundo lugar, dissolveu-se 20mL de ethephon num litro de água, ou seja, 2%, e finalmente dissolveu-se 30mL de ethephon num litro de água, ou seja, 3%. Depois, com o aquecedor de água, aquecemos a água a uma temperatura de 50°C. As laranjas foram tratadas de forma diferente. O peso e a cor de todas as laranjas foram medidos, respetivamente, utilizando a balança de precisão e o cromatómetro de 3 em 3 dias. O peso registado durante os três dias para todas as laranjas não variou, enquanto as cores mudaram ao longo do tempo. A manutenção e a melhoria da qualidade das laranjas implicam uma gestão integrada ao longo de toda a cadeia de abastecimento, desde o cultivo até à distribuição, a fim de satisfazer as expectativas dos consumidores e maximizar o seu valor económico.

Palavras-chave: Citrinos, fruta, nutricional, industrial, consumidores, laranjas, amarelas, tecnologia, ethelen, cor, Ethephon, prática, líquido, avaliar, efeito, factores, qualidade, peso, processo, maturação, tratamentos, conservação, soluções, temperatura, medido, balança, Cromametro, dias, maximizar, económico.

Introdução

Os frutos desempenham um papel essencial na alimentação e na saúde dos seres humanos e dos animais. Fornecem nutrientes essenciais, como vitaminas, minerais e antioxidantes, necessários para o bom funcionamento do corpo humano. Para além do seu valor nutricional, as frutas contribuem para a diversidade gastronómica, oferecendo uma variedade de sabores e texturas que enriquecem os alimentos. Segundo Jones e Smith (2020), o consumo regular de fruta está associado a uma redução do risco de doenças cardiovasculares e de certos cancros, graças ao seu conteúdo em compostos bioactivos benéficos para a saúde. Além disso, as frutas desempenham um papel crucial no controlo do peso e na prevenção da obesidade, devido à sua baixa densidade energética e ao seu elevado teor de fibra alimentar (Brown, 2018). As frutas contribuem significativamente para a economia rural e a segurança alimentar. O seu cultivo e comercialização geram rendimentos para muitos agricultores, ao mesmo tempo que proporcionam empregos no sector agrícola e agroalimentar. A colheita de frutos é um passo crucial na fruticultura, envolvendo a colheita de frutos na maturidade ideal para garantir a sua qualidade e rendimento. Este processo delicado requer um conhecimento profundo de factores como o momento da colheita, as técnicas de colheita e o impacto na conservação e comercialização dos frutos. De acordo com Smith et al. (2018), a colheita num determinado estádio de maturação pode influenciar significativamente a qualidade sensorial e o prazo de validade dos frutos. Da mesma forma, o trabalho de Brown (2016) destaca a importância das técnicas de manuseio pós-colheita para minimizar as perdas e manter o frescor dos frutos até o consumidor final. Assim, esta posição de colhedor requer não só competências técnicas no manuseamento das culturas, mas também um conhecimento aprofundado dos requisitos específicos de cada tipo de fruto. A eficiência da colheita influencia diretamente a rentabilidade e a satisfação do consumidor, tornando esta função um elo crítico na cadeia alimentar global.

Membro do maior género da família Rutaceae, o Citrus, também conhecido como agrume, é a fruta mais produzida e consumida no mundo, contribuindo para as dietas humanas (Liu et al., 2012). Os citrinos são ricos em fibras, vitaminas, minerais, fitoquímicos, limonóides e flavonóides (Turner & Burri, 2013). Os consumidores preferem laranjas de cor laranja (Jomori et al., 2010), que são geralmente laranjas importadas. Entretanto, a casca das laranjas produzidas pelos agricultores tende a ser verde-amarelada, mesmo estando maduras (Arzam, 2015). Uma das tecnologias que pode ser utilizada para alterar a cor da casca da laranja é a desverdização. O desengorduramento de laranjas com etileno (C2H4) é comummente utilizado para melhorar a cor da casca de laranjas frescas (Mayuoni et al., 2011). No entanto, o etileno é um gás incolor (Saltveit, 1999), a sua utilização requer conhecimentos e equipamento especiais, o preço é elevado, pelo que é difícil de aplicar pelos produtores de laranja. O ethephon (ácido 2-cloroetil fosfónico) pode ser utilizado como ingrediente que substitui o etileno no desengorduramento e tem sido amplamente utilizado pelos produtores de fruta fresca de laranja em vários países. O ethephon é muito fácil de utilizar; as laranjas são apenas mergulhadas numa solução de ethephon com uma concentração e um período de tempo específicos. O ethephon é o tecido da fruta que será hidrolisado para produzir etileno, iões de cloro e fosfato. O ethephon é um composto que liberta espontaneamente etileno em contacto com a água (Bondad, 1976). Este estudo analisa os citrinos, especialmente as laranjas, em termos de cor, nível de açúcar, acidez e firmeza exigidos pelo mercado.

1- Objectivos do estudo

Este estudo tem por objetivo:

- avaliar o efeito do ethephon (princípio ativo etileno) e da temperatura e o efeito combinado dos dois factores na qualidade dos frutos de laranja, nomeadamente em termos de peso e cor no processo de maturação, após diferentes tratamentos e condições de conservação;
- determinar o teor de açúcar contido nos citrinos;
- determinar o grau de acidez dos citrinos através da dosagem ácido-base;
- avaliar a qualidade dos azeites de acordo com as exigências do mercado;
- determinar a dureza dos frutos.

2- Materiais e métodos

2-1- Materiais biológicos

O material biológico utilizado é constituído por laranjas compradas no mercado.

Importância e requisitos ecológicos das laranjas

As laranjas (figura 1), ricas em vitamina C e fibras, ocupam um lugar crucial na dieta mundial. O seu consumo regular está associado a benefícios para a saúde, incluindo o reforço do sistema imunitário e a redução do risco de doenças cardiovasculares (Smith et al., 2019). Além disso, as laranjas são amplamente utilizadas na indústria alimentar para a produção de sumos, compotas e outros subprodutos, contribuindo assim para a economia agrícola global (Brown, 2017). Ecologicamente, o cultivo de laranjas tem requisitos específicos em termos de clima e solo. Por exemplo, prosperam em climas subtropicais a quentes, com boa drenagem do solo e irrigação adequada para garantir um desenvolvimento ótimo (Jones, 2018). A gestão sustentável das plantações de laranja é essencial para preservar a biodiversidade local, evitar a desflorestação e minimizar a pegada de carbono associada à produção e ao transporte de fruta.

Qualidade das laranjas

A qualidade das laranjas é determinada por vários factores-chave, incluindo o seu teor de nutrientes, aspeto visual, textura, sabor e durabilidade pós-colheita. De acordo com a pesquisa de Lee et al. (2017), a qualidade da laranja é influenciada pelo estágio de maturidade na colheita, pelas condições de cultivo, como irrigação e fertilização, e pelas práticas de gestão pós-colheita, como processamento e armazenamento. . Estudos mostram que a variedade da laranja também desempenha um papel crucial na qualidade da fruta. Por exemplo, as laranjas de variedades como Valência ou Navel são valorizadas pelo seu sabor doce e baixa acidez, enquanto outras variedades podem ser preferidas pela sua polpa suculenta ou facilidade de descascar (Brown, 2019). Além disso, a qualidade das laranjas é avaliada através de normas específicas estabelecidas por agências reguladoras de alimentos e normas da indústria, garantindo a sua conformidade com a segurança alimentar e os requisitos do consumidor (Jones, 2016).

Utilização e exportação de laranjas

As laranjas são amplamente utilizadas em todo o mundo pelo seu sumo rico em vitamina C, pelo seu consumo direto como fruta fresca, bem como por vários produtos derivados, como compotas, raspas e aromas alimentares. Em termos de comércio internacional, as laranjas ocupam um lugar dominante nas exportações agrícolas de muitos países produtores. De acordo com os dados da Organização das Nações Unidas para a Alimentação e a Agricultura (FAO) relatados por Garcia et al. (2020), os principais exportadores de laranjas incluem o Brasil, a Espanha, os Estados Unidos e a Índia. Estes países estão a tirar partido das suas vastas plantações de laranjas para satisfazer a crescente procura mundial de laranjas frescas e de produtos à base de laranja. A exportação de laranjas contribui assim significativamente para as economias locais e nacionais, gerando rendimentos para os agricultores e promovendo o desenvolvimento rural. Em termos de utilização, as laranjas são transformadas em sumo concentrado, polpa congelada e outros produtos para satisfazer as necessidades variadas da indústria alimentar e dos consumidores. O seu papel no fabrico de bebidas, sobremesas e produtos de confeitaria realça a sua importância como ingrediente versátil e nutritivo (Smith, 2018).

Figura 1: frutos de laranja

2-2- Equipamento técnico

Utilizámos equipamento técnico (figura 8) como: balança eletrónica de precisão, termómetro de infravermelhos, aquecedor de água, recipientes de plástico, água, papel higiénico, envelope de saqueta, ethephon, frascos de plástico de 1,5L, luvas, pipetas de diferentes capacidades, reagentes, o cromametro, a balança, o Félix, o Cda LabFoods, o refratómetro, o termómetro de infravermelhos e o penetrómetro.

Figura 2: Alguns materiais utilizados dispostos sobre a mesa

3- Apresentação do equipamento
3-1- Cromómetro

Um cromametro , também conhecido como colorímetro, é um dispositivo utilizado para medir e analisar a cor de uma amostra. É amplamente utilizado em vários domínios, como a indústria alimentar, cosmética, tintas e têxteis, para garantir a consistência da cor e a qualidade do produto. A utilização de um medidor de croma é essencial para garantir a qualidade dos produtos à base de cor, assegurando que os produtos finais satisfazem as expectativas dos clientes e as normas da indústria.

Aqui está um guia do utilizador e informações sobre as implicações da sua utilização:

❖ **Como utilizar o cromametro**
1. **Preparação do dispositivo** :
    ○ Verificar se o cromatómetro está limpo e corretamente calibrado.

o Ligue o dispositivo e siga as instruções do fabricante para o arranque.

2. **Calibração** :

   o Utilizar os padrões de calibração fornecidos com o dispositivo (normalmente azulejos de calibração de cor branca e preta).

   o Colocar a placa de calibração sobre a superfície de medição e seguir as instruções para calibrar o aparelho.

3. **Recolha de amostras** :

   o Certificar-se de que a superfície da amostra está limpa e uniforme.

   o Colocar o cromatómetro sobre a amostra de forma estável e sem movimentos.

4. **Medição da cor** :

   o Prima o botão de medição para iniciar a leitura.

   o Aguardar que o aparelho apresente os valores da cor medida (normalmente em termos de L, c, h ou outras coordenadas de cor, consoante o modelo do aparelho).

5. **Registo de dados** :

   o Anote os valores apresentados ou transfira os dados para um computador, se o dispositivo tiver esta funcionalidade.

   o Comparar os resultados com os padrões de cor necessários para a sua aplicação.

6. **Limpeza e armazenamento** :

   o Limpar a superfície de medição com um pano macio e seco.

   o Desligue o dispositivo e guarde-o num local seco e seguro.

❖ **Implicações da utilização do cromatograma**

   1. **Garantia de qualidade** :

      o A utilização de um medidor de croma permite manter a consistência da cor nos produtos, o que é crucial para a aceitação dos produtos pelos consumidores, especialmente os do mercado internacional.

2. **Controlo do processo de produção** :
   - o Ao medir regularmente a cor do produto, os fabricantes podem ajustar os seus processos de produção para corrigir quaisquer variações de cor indesejadas.

3. **Conformidade com as normas** :
   - o Algumas indústrias têm de aderir a normas de cor específicas. Um cromatómetro permite-lhe verificar e documentar a conformidade com estas normas.

4. **Redução de resíduos** :
   - o Ao detetar rapidamente os desvios de cor, as empresas podem reduzir o número de produtos defeituosos ou rejeitados, minimizando o desperdício e os custos associados.

5. **Satisfação do cliente** :
   - o Uma cor consistente e de alta qualidade nos produtos aumenta a satisfação e a fidelidade do cliente.

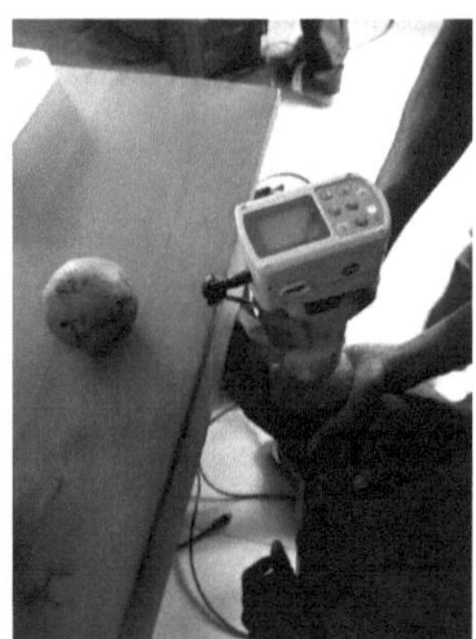

Figura 3: Cromametro

3-2- Refratómetro

Um refratómetro digital é um dispositivo utilizado para medir o índice de refração de uma substância, normalmente um líquido. Esta medição é frequentemente utilizada para determinar a concentração de soluções, como o teor de açúcar em bebidas, sumos de fruta e soluções de açúcar. A utilização de um refratómetro digital é essencial para garantir a qualidade e consistência do produto em muitas indústrias. Oferece medições rápidas e precisas, ajudando os produtores a manter os padrões de qualidade e a otimizar os seus processos de produção.

❖ **Como utilizar o cromametro**

1. **Preparar o dispositivo**:
   - Verificar se o refratómetro está limpo e devidamente calibrado.
   - Ligue o dispositivo e siga as instruções do fabricante para o arranque.

2. **Calibração**:
   - Utilizar uma solução de referência (por exemplo, água destilada) para calibrar o dispositivo.
   - Aplicar algumas gotas da solução de referência no prisma e, se necessário, fechar a placa de luz.
   - Premir o botão de calibração e aguardar que o aparelho indique que a calibração está concluída.

3. **Recolha de amostras**:
   - Limpe o prisma cuidadosamente com um pano macio e seco.
   - Aplicar algumas gotas da amostra líquida no prisma do refratómetro.

4. **Medida**:
   - Fechar o prato de luz (se equipado) para garantir uma distribuição uniforme da amostra.

o Premir o botão de medição e aguardar que o aparelho apresente o resultado.

o Observe o valor apresentado, que é frequentemente expresso em unidades Brix (para soluções de açúcar) ou índice de refração.

5. **Limpeza e armazenamento**:

o Limpe o prisma com água destilada e seque-o com um pano macio.

o Desligue o dispositivo e guarde-o num local seco e seguro.

❖ **Implicações da utilização do refratómetro digital**

1. **Controlo de qualidade**:

Os refractómetros são essenciais no controlo de qualidade de produtos alimentares e bebidas. Permitem-lhe verificar a concentração de açúcar, álcool e outros compostos.

2. **Eficiência dos processos de produção**:

Ao medir a concentração das soluções, os produtores podem ajustar os seus processos de produção para otimizar a consistência e a qualidade dos produtos acabados.

3. **Agricultura**:

Na agricultura, ajudam a determinar a altura ideal para a colheita, medindo o teor de açúcar dos frutos.

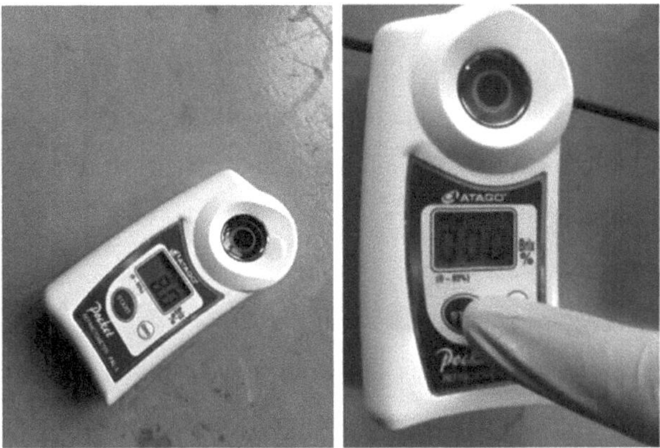

Figura 4: Refratómetro digital

3-3- Penetrómetro

Um penetrómetro é um dispositivo utilizado para medir a resistência de um material à penetração. É normalmente utilizado no domínio geotécnico para avaliar a resistência do solo, bem como na indústria alimentar para testar a firmeza de produtos como frutas e legumes. A utilização de um penetrómetro é crucial em muitas áreas para avaliar a resistência e a firmeza dos materiais. Fornece medições precisas que ajudam a tomar decisões informadas relativamente à construção, agricultura, qualidade alimentar e investigação.

❖ **Como utilizar o Penetrómetro**
  1. **Preparar o dispositivo**:
     o Verificar se o penetrómetro está limpo e em boas condições de funcionamento.
     o Selecionar a ponta ou sonda adequada para o material a testar (solo, fruta, etc.).

2. **Calibração**:
   - o Se necessário, calibrar o dispositivo de acordo com as instruções do fabricante para garantir medições exactas.
   - o Utilizar padrões de calibração ou superfícies de referência para ajustar o dispositivo.
3. **Recolha de amostras**:
   - o Preparar a amostra a ser testada. No caso dos pavimentos, certifique-se de que a superfície é lisa e uniforme. Para frutas e legumes, escolha amostras representativas da colheita.
4. **Medição da resistência**:
   - o Colocar o penetrómetro perpendicularmente à superfície da amostra.
   - o Aplicar uma pressão constante e uniforme para introduzir a sonda no material.
   - o Ler a resistência indicada no aparelho de medição (escala, mostrador, ecrã digital, etc.).

5. **Registo de dados**:
   - o Anotar os valores de resistência obtidos. Repetir as medições em vários pontos da amostra para obter uma média representativa.
   - o Para os pavimentos, registar a profundidade de penetração e a resistência correspondente.
6. **Limpeza e armazenamento**:
   - o Limpar a ponta ou a sonda após cada utilização para evitar a contaminação cruzada.
   - o Desligue o dispositivo (se aplicável) e guarde-o num local seco e seguro.

❖ **Implicações da utilização do Penetrómetro**

1. **Agricultura**:
   - Os penetrómetros são utilizados para testar a firmeza de frutas e legumes, o que ajuda a determinar o seu estado de maturação e qualidade.
   - Ajudam os agricultores a tomar decisões informadas sobre a colheita e a armazenagem dos produtos.

2. **Controlo da qualidade dos alimentos**:
   - Na indústria alimentar, o penetrómetro é utilizado para avaliar a textura dos produtos alimentares, garantindo assim a satisfação do consumidor e o cumprimento das normas de qualidade.

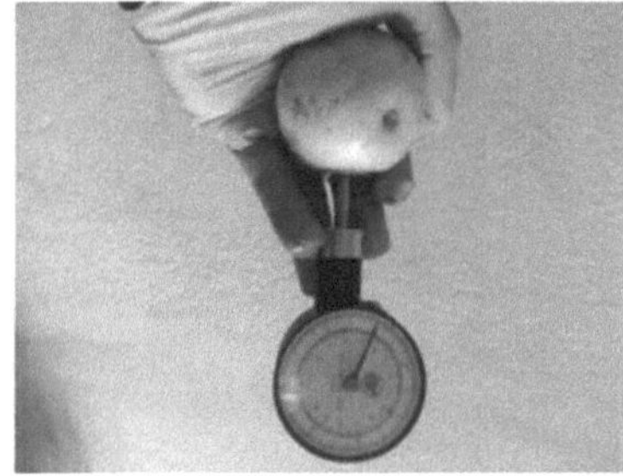

Figura 5: Penetrómetro

3-4- Termómetro de infravermelhos

Um termómetro de infravermelhos é um dispositivo utilizado para medir a temperatura de um objeto, fruto ou superfície sem contacto direto, através da deteção da radiação infravermelha emitida pelo objeto. A utilização de um termómetro de infravermelhos é essencial em muitas áreas para medições de temperatura rápidas, precisas e higiénicas, ajudando a manter a segurança, a eficiência e a qualidade das operações. Aqui está um guia do utilizador e informações sobre as implicações da sua utilização:

Instruções de utilização do termómetro de infravermelhos

1. **Preparar o dispositivo**:
   - Certifique-se de que o termómetro de infravermelhos está limpo e em boas condições de funcionamento.
   - Introduzir as pilhas ou carregar o aparelho, se necessário.
2. **Calibração (se necessário)**:
   - Alguns termómetros de infravermelhos podem necessitar de calibração antes de serem utilizados. Siga as instruções do fabricante para este passo.
3. **Seleção da Emissividade**:
   - Ajuste a emissividade do dispositivo de acordo com o material da superfície a medir. A maioria dos termómetros de infravermelhos permite ajustar a emissividade para obter medições mais precisas. Consulte o manual para obter valores típicos de emissividade.
4. **Tomar a medida**:
   - Aponte o termómetro para o objeto, fruto ou superfície cuja temperatura pretende medir. Certifique-se de que nada obstrui a linha de visão entre o aparelho e a superfície.
   - Mantenha uma distância adequada entre o termómetro e a superfície a ser medida. A distância ideal varia consoante o aparelho, mas é frequentemente indicada no manual.
5. **Ativação da medição**:
   - Premir o botão de medição (normalmente um gatilho ou botão no punho).

o Aguarde alguns segundos para que o aparelho apresente a temperatura medida no ecrã.

6. **Registo de dados**:
   o Se necessário, anote a temperatura indicada.
   o Para uma utilização contínua, repetir o processo de medição em vários pontos da superfície para obter uma média representativa.

7. **Limpeza e armazenamento**:
   o Desligue o aparelho depois de o utilizar.
   o Se necessário, limpar a lente do termómetro com um pano macio e seco.
   o Guarde o dispositivo num local seco e seguro.

Implicações da utilização do termómetro de infravermelhos

1. **Aplicações alimentares**:

Os termómetros de infravermelhos são normalmente utilizados na indústria alimentar para verificar rapidamente a temperatura dos alimentos, frutas e legumes e garantir que são armazenados e cozinhados a temperaturas seguras.

2. **Investigação científica e laboratórios**:

São utilizados em laboratórios de investigação para medições de temperatura precisas e sem contacto, essenciais para muitas experiências.

Figura 6: Termómetro de infravermelhos

3-5- Balança de precisão

Uma balança de precisão é um dispositivo utilizado para medir a massa com elevada precisão, normalmente até miligramas ou fracções de miligrama. Estas balanças são normalmente utilizadas em laboratórios, na indústria farmacêutica, na indústria alimentar e noutras áreas que requerem medições precisas. A utilização de uma balança de precisão é essencial para obter medições de massa exactas em muitas áreas, garantindo a qualidade, segurança e eficácia dos produtos e da investigação. Aqui está um guia do utilizador e informações sobre as implicações da sua utilização:

❖ **Como utilizar a balança de precisão**

1. **Preparar o dispositivo**:
   - Certifique-se de que a balança está colocada numa superfície estável, nivelada e sem vibrações.
   - Limpar a superfície de pesagem antes da utilização para evitar a contaminação.
2. **Atualização**:
   - Verificar se a balança está nivelada. A maioria das balanças de precisão tem um nível de bolha de ar para esta verificação.

o Ajustar os pés da balança para a nivelar, se necessário.

3. **Calibração**:
   o Ligar a balança e deixá-la estabilizar de acordo com as instruções do fabricante.
   o Calibrar a balança utilizando pesos de referência normalizados para garantir medições exactas.
   o Seguir as instruções específicas do fabricante para o processo de calibração.

4. **Recolha de amostras**:
   o Colocar um recipiente limpo sobre a balança, se necessário, para conter a amostra.
   o Premir o botão de tara para repor o visor a zero, tendo em conta o peso do recipiente.

5. **Medida**:
   o Colocar a amostra no recipiente ou diretamente na superfície de pesagem.
   o Aguardar que o ecrã estabilize antes de ler o peso.
   o Anotar com exatidão o valor indicado.

6. **Limpeza e armazenamento**:
   o Retirar a amostra e o recipiente da balança.
   o Limpar a superfície de pesagem após cada utilização para evitar a contaminação cruzada.
   o Desligue a balança e cubra-a para a proteger do pó e dos contaminantes.

❖ **Implicações da utilização da balança de precisão**

1. **Investigação e desenvolvimento**:
   o As balanças de precisão são cruciais para os laboratórios de investigação e desenvolvimento, onde são necessárias medições exactas para experiências e formulações.

2. **Indústria farmacêutica**:

   o São utilizados na preparação de medicamentos, em que as dosagens exactas são essenciais para a eficácia e segurança dos produtos.

3. **Controlo de qualidade**:

   o Em várias indústrias, as balanças de precisão garantem que os produtos acabados cumprem as especificações de peso e conteúdo.

4. **Aplicações industriais**:

   o Utilizado no fabrico de componentes electrónicos, produtos químicos e outros produtos que requerem medições exactas de matérias-primas.

5. **Formação académica**:

   o São utilizados em laboratórios de ensino para ensinar os princípios da pesagem e medição exactas.

Figura 7: Balança de precisão

3-6- CDR FoodLab

utilizado na indústria alimentar para medir vários parâmetros químicos em alimentos e bebidas. Permite a realização de testes precisos e rápidos, facilitando o controlo de qualidade e garantindo a conformidade com as normas de segurança alimentar. A utilização do CDR FoodLab é essencial para as empresas do sector alimentar que procuram manter a qualidade, a segurança e a conformidade dos seus produtos, melhorando simultaneamente a eficiência operacional e reduzindo os custos.

❖ Instruções de utilização do CDR FoodLab

1. Preparar o dispositivo

- **Instalação**: Coloque o CDR FoodLab numa superfície plana e estável, protegida de vibrações e variações de temperatura.
- **Ligar**: Ligue o dispositivo e ligue-o seguindo as instruções do fabricante.

2. Calibração

- **Inicialização**: Permitir que o dispositivo se estabilize depois de ser ligado.
- **Calibração**: Utilizar as soluções de calibração fornecidas ou recomendadas pelo fabricante para calibrar o aparelho em função dos parâmetros a medir (pH, ácidos gordos livres, peróxidos, etc.).

3. Preparação da amostra

- **Amostragem**: Recolher amostras representativas dos alimentos ou bebidas a analisar.
- **Pré-tratamento**: Filtrar ou diluir as amostras conforme necessário, seguindo os protocolos específicos para cada teste.

4. Carregamento de amostras

- **Cubetas de reagentes**: Insira as cuvetes de reação no CDR FoodLab.
- **Adicionar reagentes**: Adicionar os reagentes adequados às cuvetes de acordo com os protocolos específicos de cada teste.
- **Adição de amostras**: Adicionar a amostra a cada cuvete de reagente nos volumes especificados.

5. Lançamento da análise

- **Seleção do teste**: Selecionar o teste adequado na interface do dispositivo.
- **Iniciar a análise**: Iniciar a análise seguindo as instruções apresentadas no ecrã.
- **Ler os resultados**: Aguardar que o aparelho efectue as medições e apresente os resultados.

6. Limpeza e manutenção

- **Limpeza**: Limpar as taças e os acessórios após cada utilização, de acordo com as recomendações do fabricante.
- **Armazenamento**: Armazenar os reagentes e acessórios em condições adequadas para evitar a sua degradação.
- **Manutenção**: Efetuar uma manutenção regular do aparelho para garantir a sua precisão e durabilidade.

❖ **Implicações da utilização do CDR FoodLab**

1. Controlo de qualidade

- **Análises rápidas**: O CDR FoodLab permite análises rápidas e exactas dos principais parâmetros químicos dos alimentos e bebidas, tais como a acidez, o teor de açúcar, as proteínas e as gorduras, garantindo assim a qualidade dos produtos acabados.
- **Conformidade**: Os resultados obtidos ajudam a garantir que os produtos cumprem as normas de qualidade e os regulamentos actuais.

2. Segurança alimentar

Deteção precoce: Ao fornecer resultados rápidos, o CDR FoodLab ajuda a identificar rapidamente produtos não conformes e a tomar medidas corretivas imediatas, reduzindo assim o risco de contaminação alimentar.

3. Eficiência operacional

- **Poupa tempo**: A utilização do CDR FoodLab reduz o tempo necessário para efetuar análises em comparação com os métodos laboratoriais tradicionais.
- **Otimização de processos**: Os resultados rápidos permitem que os processos de produção sejam ajustados em tempo real para melhorar a eficiência e a qualidade.

4. Redução de custos

- **Redução de custos**: Ao permitir a realização de testes no local, o CDR FoodLab reduz a necessidade de enviar amostras para laboratórios externos, diminuindo assim os custos dos testes e os tempos de processamento.
- **Menos desperdício**: A deteção rápida de anomalias ajuda a minimizar as perdas e o desperdício.

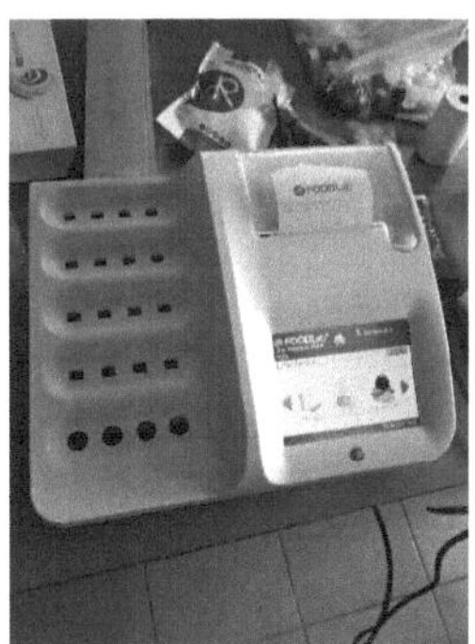

Figura 8: CDR FoodLab

3-7- Analisador de gases em árvores

Preparar o dispositivo:

- Instalar o analisador de gases em locais de armazenamento ou contentores de transporte.

- Monitorizar os níveis de oxigénio, dióxido de carbono e etileno.

- Ajustar as concentrações de gás para controlar as taxas de respiração.

- Otimizar as condições de armazenamento para aumentar o prazo de validade.

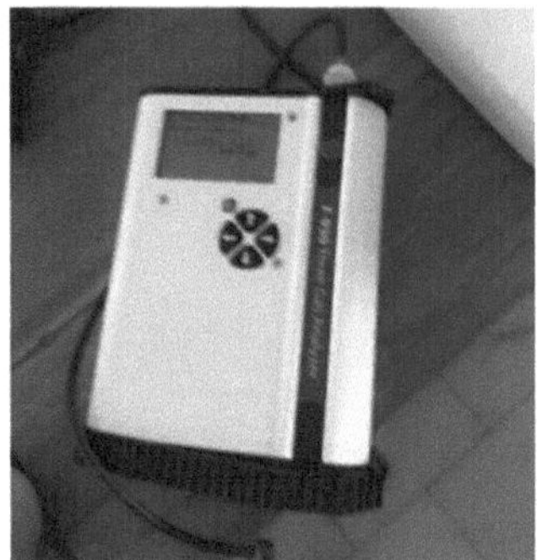

Figura 9: Analisador de gases em árvore

4- Métodos
❖ Experimentação do efeito do ethephon e da temperatura em frutos de laranja

Para avaliar o efeito do ethephon (etileno) e da temperatura nos frutos de laranja, utilizámos um total de 16 laranjas. Os dois factores ethephon e temperatura têm respetivamente quatro níveis (E0: sem etileno, E1: solução de etileno a 1%, E1: solução de etileno a 2%, E3: solução de etileno a 3%) e dois níveis (T0: temperatura ambiente, T50: temperatura a 50°C), ou seja, oito tratamentos (4x2) resumidos na tabela 1 com duas repetições (8x2) justificando as 16 laranjas utilizadas na montagem experimental.

Quadro 1: Dispositivo experimental

Repetition1(R1)	E0T0R1	E0T50R1	E1T0R1	E1T50R1	E2T0R1	E2T50R1	E3T0R1	E3T50R1
Repetition2(R2)	E0T0R2	E0T50R2	E1T0R2	E1T50R2	E2T0R2	E2T50R2	E3T0R2	E3T50R2

As três soluções de etileno foram preparadas da seguinte forma:

-    Solução de etileno a 1%: 10 mL de mistura de ethephon com 1L de água

-    Solução de etileno a 2%: mistura de 20 mL de etefão com 1L de água

- Solução de etileno a 3%: 30 mL de mistura de ethephon com 1L de água

  Estas três soluções foram aplicadas cada uma em duas laranjas à temperatura ambiente de 27,7°C, pulverizando-as com estas soluções, ou seja, 6 laranjas (figura 10).

Depois, com o aquecedor de água, aquecemos a água a uma temperatura de 50°C. Seis laranjas foram mergulhadas nesta água quente durante dois minutos e retiradas. Com algodão embebido em óleo de amendoim, limpámo-las e pulverizámo-las com soluções de etileno a 1%, 2% e 3%, com duas laranjas por cada solução (figura 10).

Duas laranjas à temperatura ambiente não são tratadas com a solução de etileno e duas outras são tratadas a uma temperatura de 50°C sem solução de etileno, ou seja, os controlos. Por fim, as 16 laranjas foram embaladas em sacos de polietileno e agrupadas tratamento a tratamento, ou seja, duas laranjas por embalagem.

O peso e a cor de todas as laranjas foram medidos, respetivamente, utilizando uma balança de precisão e um cromatómetro de 3 em 3 dias. Os dados recolhidos são depois analisados e processados utilizando o software Excel.

Figura 10: Tratamento de laranjas com ethephon

❖ Folha de recolha de dados

Quadro 2: Medida do peso e da cor das laranjas

Fruit	Number	. with ethe	emperatur	Weight			Color data								
							D0			D3			D6		
				D0	D3	D6	L	C	H	L	C	H	L	C	H
Citrus	1	E0	T0A												
	2	E0	T0B												
	3	E1% (10	T0A												
	4	E1% (10	T0B												
	5	E2% (20	T0A												
	6	E2% (20	T0B												
	7	E3% (30	T0A												
	8	E3% (30	T0B												
	9	E0	T50A												
	10	E0	T50B												
	11	E1% (10	T50A												
	12	E1% (10	T50B												
	13	E2% (20	T50A												
	14	E2% (20	T50B												
	15	E3% (30	T50A												
	16	E3% (30	T50B												

❖ Medição da mudança de cor

As alterações da qualidade da cor das cascas de laranja foram medidas com um leitor de cores (cromatógrafo). Este instrumento (figura 11) possui um sistema de notação de cores (sistema de cores L, C e h). A notação L indica o parâmetro de luminosidade com uma gama de cores de 0 a 100. O valor de L 0 significa preto, e quanto mais aponta para o valor 100, mais branco ou brilhante significa. O C* é o croma e h é o ângulo de tonalidade. O valor de C* é 0 no centro para uma cor acromática e aumenta consoante a distância ao centro. O ângulo de tonalidade é definido como começando no eixo +a* e é expresso em graus à medida que o eixo do croma roda no sentido contrário ao dos ponteiros do relógio.

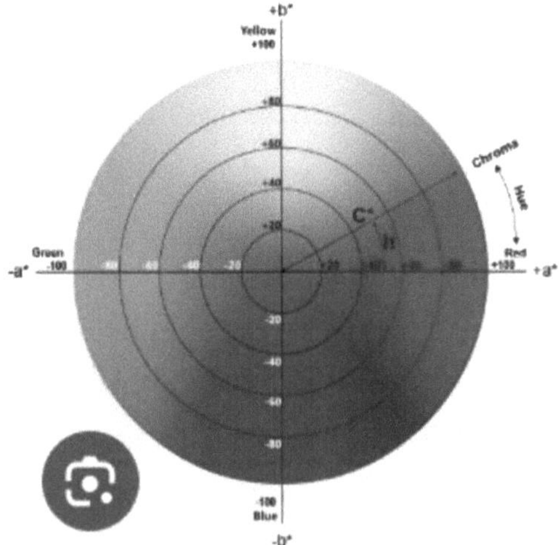

Figura 11: Medição da mudança de cor

❖ **Outras experiências Temos**:

- mediu o teor de açúcar de algumas laranjas com o refratómetro digital,

- medir a dureza do abacate com o penetrómetro,

- efectua o ensaio ácido-base para determinar o grau de acidez das laranjas com fenoftaleína,

- apreciou a qualidade dos óleos do dispositivo denominado CDR FoodLab

5- Resultados e discussão
5-1- Grupo 1
❖ **Evolução do peso das laranjas após o tratamento**

O gráfico (figura 12) mostra-nos a evolução do peso das laranjas tomadas de três em três dias em função dos tratamentos aplicados (etileno e temperatura). A análise deste gráfico mostra uma diminuição progressiva do peso da maior parte das laranjas, independentemente do tratamento efectuado três dias mais tarde, tal como no sexto dia. Esta perda de peso das laranjas está intimamente ligada a fenómenos biológicos como a respiração e a transpiração geralmente observados nos frutos e que provocam perdas de água. Isto explica que, após 6 dias, as nossas laranjas ainda estejam vivas e possam mesmo permanecer vivas para além dos 6 dias de duração da experiência. No entanto, o peso das laranjas que receberam o tratamento com 3% de etileno à temperatura ambiente, repetição 2 (E3T0R2), o tratamento com 1% de etileno à temperatura de 50°C, repetição 1 (E1T50R1) e o tratamento com 2% de etileno à temperatura de 50°C, repetição 2 (E2T50R2), registou um aumento. Este estado de coisas deve-se ao apodrecimento dos frutos de laranja, que é certamente causado pela embalagem de polietileno utilizada para a conservação, ou estas laranjas já se encontravam em mau estado antes da sua utilização.

Deduz-se que, durante o armazenamento após a colheita, as laranjas perdem gradualmente o seu peso devido à perda de água e podem apodrecer rapidamente se forem armazenadas em embalagens inadequadas durante muito tempo, sem tratamento ou com um dos tratamentos desta experiência. Para o efeito, é urgente encontrar embalagens e tratamentos adequados que possam reduzir consideravelmente a perda de peso para uma boa conservação.

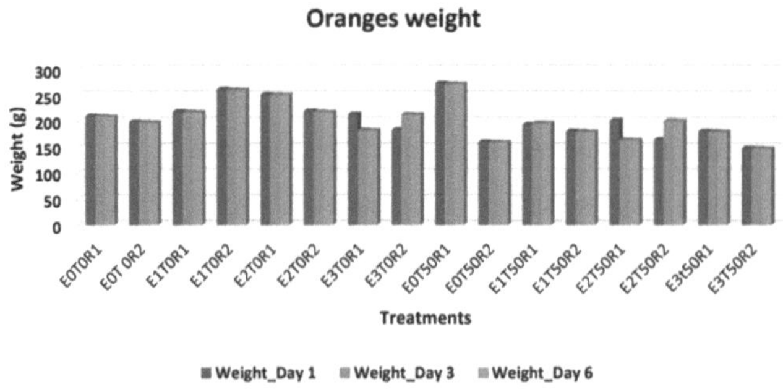

Figura 12: Pesos da laranja

❖ **Evolução da cor das laranjas após tratamento**

O gráfico (figura 13) mostra-nos a evolução da cor das laranjas tirada de três em três dias pelo cromatógrafo em função dos tratamentos aplicados (etileno e temperatura). Da análise deste gráfico, verifica-se que a cor das laranjas mudou durante os seis dias que durou a experiência, de verde para amarelo e de amarelo para amarelo-alaranjado ou laranja. Isto resulta numa diminuição gradual do valor de H utilizado para a leitura das cores com o diagrama de cromaticidade. No terceiro dia, a maioria das laranjas tem uma cor amarela, especialmente as laranjas que receberam o tratamento com 2% de etileno e 3% de etileno, enquanto as outras sem tratamento com etileno ou com 1% de etileno tendem parcialmente para o amarelo. Da mesma forma, no sexto dia, as laranjas que receberam o tratamento com etileno 2% e etileno 3% apresentam toda a cor amarelo-alaranjada ou alaranjada, enquanto as outras sem tratamento com etileno ou com tratamento com etileno 1% apresentam a maior parte da cor AMARELA. Assim, deduzimos que apenas a aplicação de etileno 2% ou 3% contribui rapidamente para a mudança da cor das laranjas de verde para amarelo ou laranja. Assim, para a padronização da cor das laranjas para a cor amarela no mercado, recomendamos a aplicação de etileno numa concentração adequada.

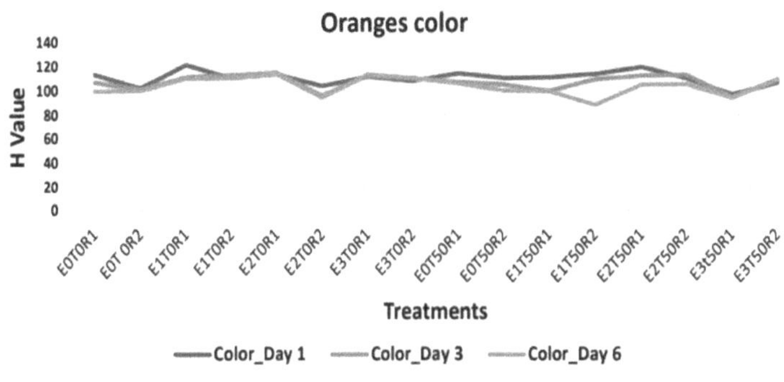

Figura 13: Cor de laranja

❖ **Dosagem ácido-base do sumo de laranja**

Doseámos a solução ácida (sumo de tempestade) com uma solução básica com o indicador colorido fenoftaleína. Assim, quando a equivalência ácido-base é atingida, a solução obtida torna-se vermelha. Observamos também que, quanto mais ácido for o sumo de laranja, mais se utiliza a solução básica para atingir a equivalência ácido-base e quanto menos ácido for o sumo de laranja, menos se utiliza a solução básica para atingir a equivalência ácido-base.

❖ **Medir o teor de açúcar das laranjas com o refratómetro digital**

O teor de açúcar da laranja medido é de 11°Brix. O que confirma o sabor doce da laranja testada.

5-2- Grupo 2
❖ **Cor: Lote de amostras1**

A cor da casca dos frutos na medição do Cromametro, no primeiro dia da experiência, mostrou que não havia diferenças significativas (figura 14). Assumimos que as amostras utilizadas têm uma cor de pele uniforme verde-amarela. Após seis dias, verificaram-se diferenças na cor da pele entre as amostras tratadas com Ethephon (0ppm, 400 ppm, 800 ppm e 1200 ppm) à temperatura ambiente. O tratamento com Ethephon com as concentrações de 0ppm, 400 ppm e 800ppm foram vistos mudando juntos para ligeiramente amarelos, enquanto a amostra tratada com 1200 ppm era amarela no 6° dia de observação (tabela 3). O desverdecimento provoca a exposição a carotenóides anteriormente dominados pela clorofila (Jomori et al. 2010). Carotenóides específicos podem ser sintetizados antes da degradação da estrutura da clorofila, e também carotenóides específicos podem ser sintetizados quando a estrutura da clorofila é degradada (Ladanyia et al. 2010). Neste estudo, as laranjas tratadas com Ethephon podem formar uma casca amarela, enquanto que sem Ethephon, a casca fica ligeiramente amarela. Parece que existe um pigmento carotenoide específico (como o pigmento vermelho) nos citrinos, que se forma após a degradação da clorofila.

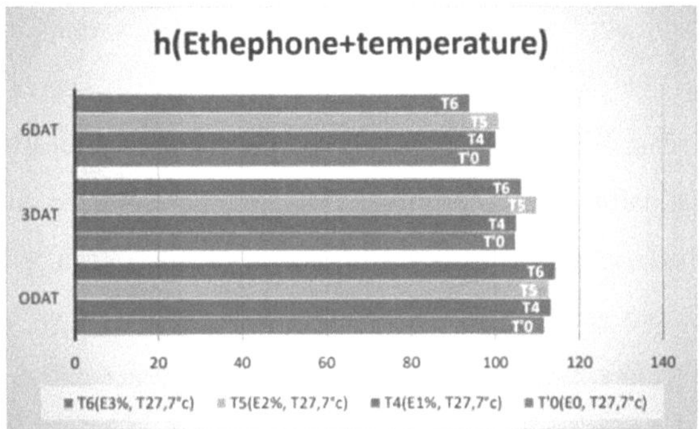

Figura 14: Alterações do valor da tonalidade (h) dos frutos de laranja tratados com a amostra lote2 em degradação.

Tabela 3: Alterações do valor da tonalidade (h) da amostra de frutos de laranja lote1 na descoloração

Treatment	ODAT	3DAT	6DAT
T'0(E0, T27,7°c)	111,73	104,91	98,845
T4(E1%, T27,7°c)	113,39	105,165	100,17
T5(E2%, T27,7°c)	112,835	110,05	100,985
T6(E3%, T27,7°c)	114,435	106,33	93,89

❖ Cor: Lote de amostras2

Após seis dias, registaram-se diferenças na cor da pele entre as amostras tratadas com Temperatura (46,6°C) e Ethephon (400 ppm, 800 e 1200 ppm). O tratamento com Ethephon com as concentrações de 400 ppm, 800ppm e 1200 ppm com Temperatura (46,6°C) foi visto a mudar em conjunto para amarelo, enquanto o controlo tratado com 0 ppm e Temperatura (46,6°C) amarelo-vermelho no 6° dia de observação (figura 15). Pode ver-se que as três concentrações descem simultaneamente do verde-amarelo para o amarelo, enquanto o controlo desce acentuadamente para o amarelo-vermelho durante o 6° dia de armazenamento.

A temperatura desempenha um papel importante no amadurecimento dos frutos. Muitas reacções biológicas mostram respostas quantitativas às temperaturas. O valor do coeficiente de temperatura (Q10) é cerca de 2 para a maioria das reacções biológicas (quadro 4). Geralmente, com um aumento de 10°C acima da temperatura óptima, a taxa de deterioração aumenta de duas a três vezes e depois o Q10 diminui à medida que a temperatura aumenta mais. No entanto, uma vez que os valores de Qjo variam muito com muitos factores, tais como o tipo de fruta, as condições fisiológicas e a duração do armazenamento, só podem ser utilizados como uma aproximação grosseira. Para alguns frutos como morangos, pêssegos, limões e laranjas, o Q10 é mais elevado a temperaturas mais baixas (Haller et al, 1931).

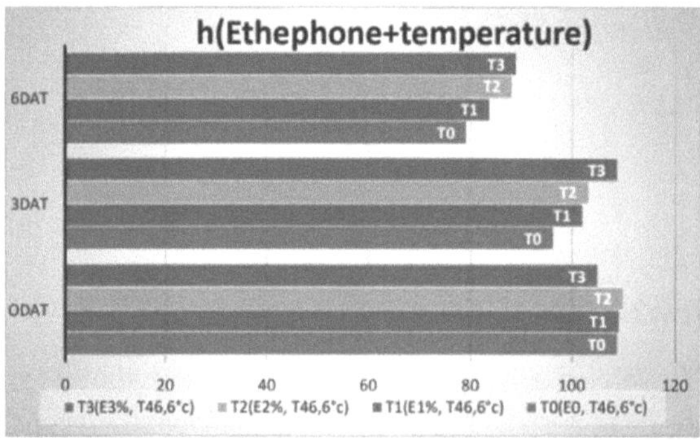

Figura 15: Alterações do valor da tonalidade (h) da amostra de frutos de laranja lote1 na descoloração.

Tabela 4: Alterações do valor da tonalidade (h) da amostra de frutos de laranja lote1 na descoloração

Treatment	ODAT	3DAT	6DAT
T0(E0, T46,6°c)	108,81	96,345	79,175
T1(E1%, T46,6°c)	109,145	102,12	83,765
T2(E2%, T46,6°c)	109,985	103,305	88,19
T3(E3%, T46,6°c)	105,005	108,805	88,98

❖ Perda de peso evolução

As figuras 16 e 17 mostram que ambas as amostras de citrinos após o tratamento perderam o seu peso. A transpiração causa mais perda de peso do que a respiração dos frutos, dependendo do fruto. A temperatura do ar e a humidade relativa são os dois factores ambientais que influenciam a transpiração dos frutos. A humidade relativa é mais crítica porque a transpiração é impulsionada principalmente pela diferença de vapor de água entre o ar e o fruto. Quando o ar está seco, o défice de vapor de água da atmosfera (VPD) aumenta, provocando o aumento da transpiração. Pelo contrário, quando a humidade relativa do ar aumenta, a transpiração diminui.

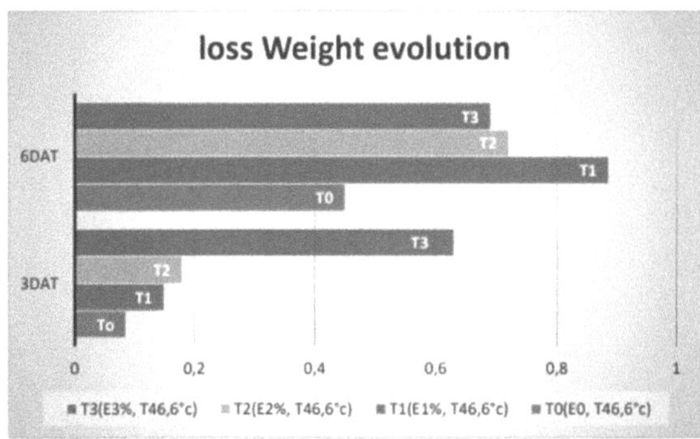

Figura 16: Perda de peso da amostra de frutos de laranja do lote 1

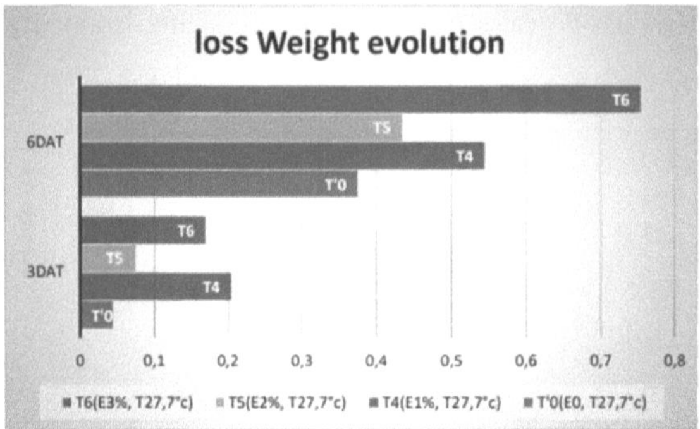

Figura 17: Perda de peso da amostra de frutos de laranja do lote 2

5-3- Grupo 3
❖ Efeito do tratamento com etileno no peso do fruto

A figura 18 mostra as variações do peso dos frutos nos diferentes tratamentos e dias. Observámos um declínio consistente no peso dos frutos durante o período de três dias. Este declínio sugere um padrão geral de perda de peso nos diferentes tratamentos com etileno aplicados.

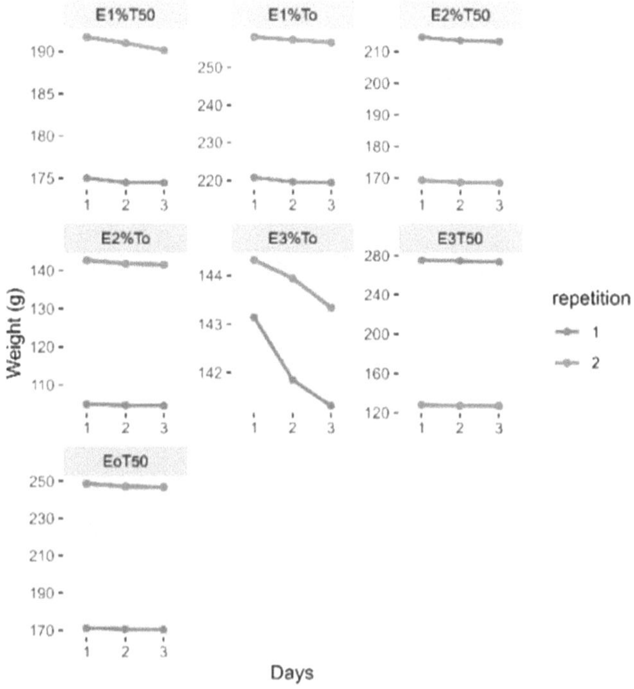

Figura 18: declínio temporal do peso dos frutos nos tratamentos com etileno

Para ter em conta as diferenças de peso inicial entre os frutos, calculámos a variação de peso após cada dia e traçámos a variação média entre os tratamentos. A análise teve como objetivo identificar qual o tratamento que induziu a maior variação de peso após 2 e 3 dias de observação. O gráfico (figura 19) ilustra a variação média do peso dos frutos nos diferentes tratamentos ao longo de 2 e 3 dias. Verificámos que o tratamento E2%To apresentou a menor variação no peso dos frutos durante o período de três dias, seguido do E1%T50. Por outro lado, o tratamento E3%To induziu a maior perda de peso entre todos os tratamentos.

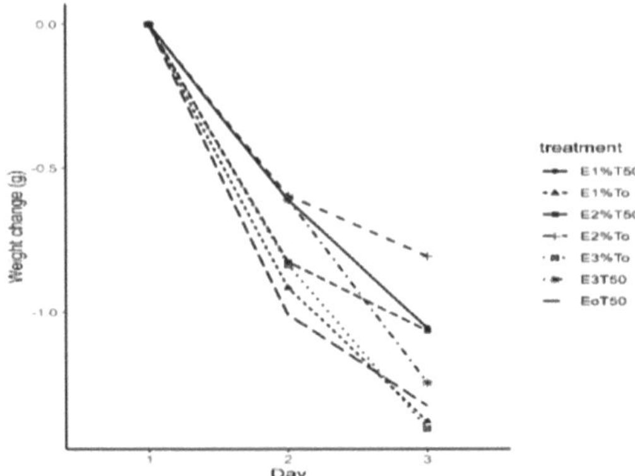

Figura 19: Variação da variação do peso dos frutos nos tratamentos com etileno durante três dias

A análise do efeito do tratamento com etileno no peso dos frutos em três dias consecutivos revelou alterações temporais significativas, mas sem diferenças substanciais atribuíveis aos próprios tratamentos (quadro 5). Especificamente, enquanto o dia da medição teve um impacto altamente significativo no peso dos frutos (p < 0,0001), indicando que o peso dos frutos mudou significativamente ao longo do tempo, os tratamentos com etileno não produziram diferenças estatisticamente significativas no peso dos frutos (p = 0,3550). Além disso, a interação entre tratamento e dia não foi significativa (p = 0,9715), sugerindo que o padrão de mudança de peso ao longo dos dias foi consistente em todos os grupos de tratamento. Estes resultados implicam que, embora os factores relacionados com o tempo possam influenciar o peso dos frutos, os diferentes tratamentos com etileno aplicados neste estudo não alteram significativamente este peso, nem interagem com os dias para produzir um efeito diferencial. Isto pode indicar que as variações de peso dos frutos observadas são principalmente causadas por outros factores que não os tratamentos com etileno, tais como as alterações fisiológicas naturais que ocorrem nos frutos ao longo do tempo.

Quadro 5: Resultados da ANOVA para o modelo de comparação dos efeitos dos tratamentos no peso dos frutos

	numDF	denDF	F-value	p-value
(Intercept)	1	14	203.91835	<.0001
treatment	6	7	1.33321	0.3546
day	2	14	34.68796	<.0001
Treatment*day	12	14	0.33282	0.9683

❖ **Efeito do tratamento com etileno na cor do fruto**

Em primeiro lugar, explorámos a relação entre os diferentes componentes L, C e H da cor dos frutos entre tratamentos e ao longo dos três dias de medição. As nossas observações revelaram que o componente H diminuiu do primeiro para o terceiro dia em todos os tratamentos, enquanto os componentes L e C aumentaram, exceto no tratamento E3%To. Neste tratamento em particular, o componente H aumentou, e os componentes L e C diminuíram. No entanto, os resultados da ANOVA não indicaram diferenças significativas para os factores dia ou tratamento. Isso sugere que, embora existam tendências observáveis nas mudanças de cor, essas variações não são estatisticamente significativas nos diferentes tratamentos com etileno ou durante o período de medição.

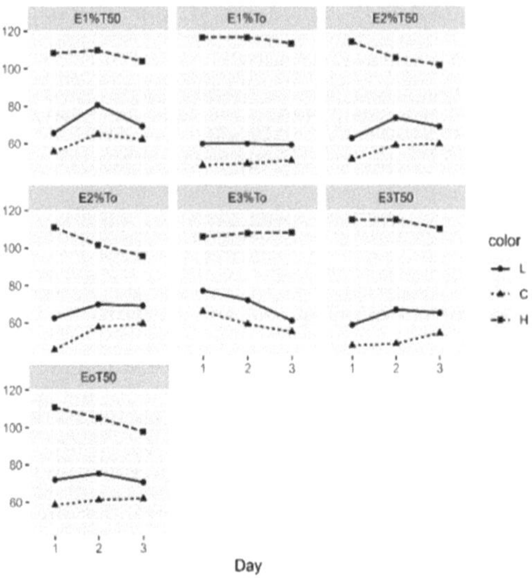

Figura 20: Alterações médias da componente de cor ao longo do tempo por tratamento

A nossa investigação sobre os efeitos do tratamento com etileno no peso do fruto e nos componentes da cor (L, C, H) ao longo de três dias produziu vários conhecimentos.

Observámos um efeito significativo do dia de medição no peso dos frutos, como indicado pelos resultados da ANOVA (F = 48,036, p < 0,0001). No entanto, não houve efeito significativo do tratamento com etileno no peso (F = 1,332, p = 0,355) ou uma interação significativa entre o tratamento e o dia (F = 0,323, p = 0,9715). Isto sugere que, embora o peso dos frutos mude significativamente ao longo do tempo, os diferentes tratamentos com etileno não produzem efeitos estatisticamente diferentes no padrão de perda de peso. A inspeção visual da variação de peso ao longo dos dias revelou que todos os tratamentos resultaram numa diminuição do peso, com o tratamento E3%To a induzir a maior perda de peso.

Explorámos ainda a relação entre os diferentes componentes da cor (L, C, H) e os tratamentos com etileno ao longo dos três dias. A análise indicou que o componente H geralmente diminui do primeiro para o terceiro dia em todos os tratamentos, enquanto os componentes L e C aumentam. Uma exceção foi observada no tratamento E3%To, em que a componente H aumentou e as componentes L e C diminuíram ao longo do tempo. Apesar dessas tendências observadas, os resultados da ANOVA não mostraram diferenças significativas para os efeitos do dia ou do tratamento nos componentes de cor, indicando que as variações nas mudanças de cor não são estatisticamente significativas em diferentes tratamentos ou dias.

Estes resultados sugerem que, embora os tratamentos com etileno induzam alterações observáveis no peso e na cor dos frutos, os padrões destas alterações não são significativamente diferentes entre os vários tratamentos aplicados neste estudo. A perda de peso consistente ao longo do tempo em todos os tratamentos pode indicar um efeito geral do etileno na aceleração do amadurecimento, levando à perda de peso. As mudanças de cor, particularmente a diminuição do componente H e o aumento dos componentes L e C na maioria dos tratamentos, são típicas do processo de amadurecimento, onde os frutos se tornam menos verdes e mais amarelos ou vermelhos. O comportamento distinto do tratamento E3%To na alteração dos componentes da cor pode sugerir uma interação única com a fisiologia do fruto, o que justifica uma investigação mais aprofundada.

5-4- Grupo 4
❖ **Peso das laranjas, tratamento com 0%, 1%, 2% e 3% de etefão**
Após a recolha e análise dos diferentes dados, os resultados são apresentados da seguinte forma (quadro 6).

Quadro 6: análise dos diferentes dados

	WL3	WL6
E0T0	0,05 a	0,27
E0T50	0,20 ab	0,48

E1T0	0,24 bc	0,54
E1T50	0,43 e	0,72
E2T0	0,22 acd	0,55
E2T50	0,18 ac	0,68
E3T0	0,20 acd	0,55
E3T50	0,25 bd	0,52
Df	7	7
p	0.00112 **	0.762
Valor F	12	0.573

A análise de variância mostra que a perda de peso dos frutos é muito significativamente diferente (p <0,01) três dias após o tratamento. Os frutos tratados com E1T50 perderam mais peso (0,43%), enquanto os frutos do controlo perderam menos peso (0,05%). Aqui estão as ilustrações (figura 21).

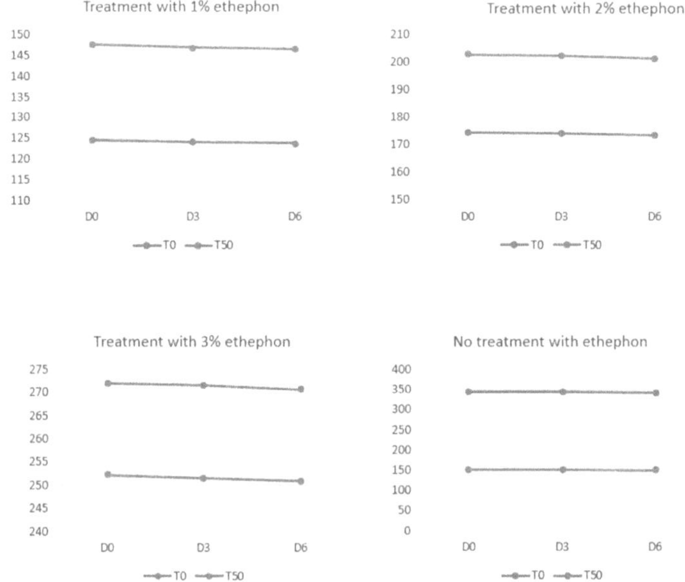

Figura 21: Peso das laranjas, tratamento com 0%, 1%, 2% e 3% de ethephon

Seis dias após o tratamento, as perdas de peso dos frutos não são significativamente diferentes de um tratamento para outro ($p > 0,05$). Os frutos do controlo perderam uma média de 0,27% do seu peso, enquanto os frutos tratados com E1T50 tiveram a maior perda de peso, com 0,72%.

Mesmo que não seja significativo, podemos concluir que o tratamento com ethephon tem efeito sobre a perda de peso/água dos citrinos, portanto sobre a sua conservação.

❖ **Cor de laranja, tratamento com 0%, 1%, 2% e 3% de ethephon**

Quadro 7: Cor das laranjas Mesure

	L0	C0	H0	L3	C3	H3	L6	C6	H6
E0T0	58,78	43,58	108,62	65,7	52	110,7	69,41	54,615	102,435
E0T50	67,09	54,02	114,13	70,175	57,02	112,07	75,765	65,26	106,58

E1T0	63,515	52,11	110,99	68,11	56,54	109,36	71,105	59,74	104,16
E1T50	64,315	52,6	114,43	66,145	53,56	114,215	66,5	54,86	114,26
E2T0	58,47	42,68	111,175	66,88	49,725	107,265	70,46	59,345	109,225
E2T50	67,45	58,13	114,18	65,315	53,135	115,38	76,285	62,6	110,965
E3T0	64,245	49,15	112,69	74,385	61,865	106,8	72,7	62,965	105,065
E3T50	60,39	46,13	115,75	64,245	49,435	113,94	67	52,28	108,035
Df	7	7	7	7	7	7	7	7	7
p	0.889	0.545	0.948	0.786	0.689	0.532	0.908	0.623	0.627
F value	0.381	0.907	0.272	0.538	0.677	0.929	0.349	0.779	0.773

L=lightness (0=maximum darkness, 100=maximum lightness), Chroma (0=lowest intensity, 100=greatest intensity), Hue angle (0°=red purple, 90°=yellow, 180°= green, 270°=blue)

Os resultados da análise de variância (tabela 7) mostraram que os diferentes parâmetros de cor (L, C, H) não são significativamente diferentes de um tratamento para outro nas três datas de medição (p> 0,05). Isto reflecte que, independentemente da concentração de ethephon aplicado e da temperatura, a cor dos frutos não é significativamente diferente para a mesma data.

Mas se considerarmos apenas a tonalidade (H), notamos uma mudança de cor uniforme em todos os frutos tratados do primeiro ao sexto dia (de amarelo para alguns e verde-amarelo para outros para amarelo). O mesmo não se passa com os frutos não tratados. De facto, há uma mudança de cor sem uniformidade.

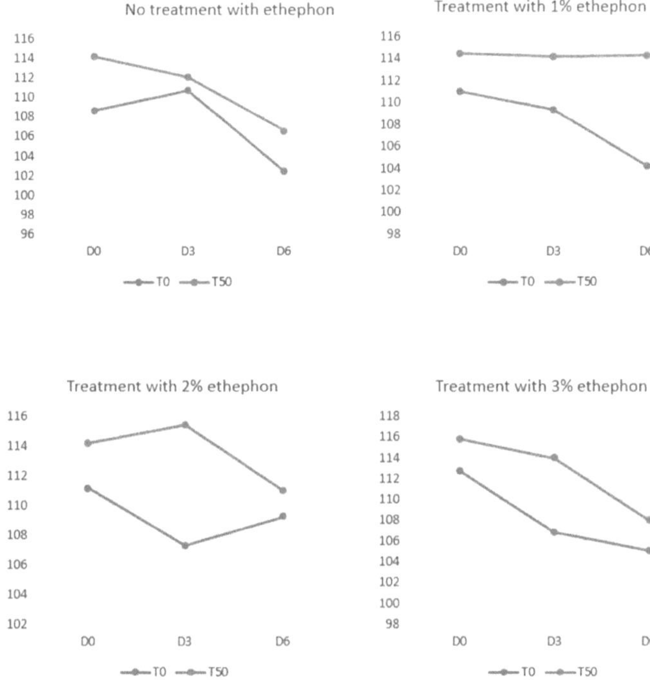

Figura 22: Cor da laranja, tratamento com 0%, 1%, 2% e 3% de ethephon

5-5- Grupo 5

❖ **Peso das laranjas, tratamento com 0%, 1%, 2% e 3% de etefão**

Quadro 8: Peso das laranjas Mesure

Fruit type	Number	Treatments / ethephore	Temperature (°C)	weight (g)		
				Day 0	Day 2	Day 3
Citrus	1	E0	T0A			
	2	E0	T0B			
	3	E1% (10ml/l)	T0A	108,7	107,93	107,18
	4	E1% (10ml/l)	T0B	102,33	101,55	101,12
	5	E2% (20ml/l)	T0A	157,74	157,11	156,65
	6	E2% (20ml/l)	T0B	109,49	109,09	108,43
	7	E3% (30ml/l)	T0A	113,97	113,59	113,28
	8	E3% (30ml/l)	T0B	144,32	143,88	143,42
	9	E0	T50A	159,9	159,44	159,17
	10	E0	T50B	135,87	135,3	134,77
	11	E1% (10ml/l)	T50A	153,19	152,79	152,41
	12	E1% (10ml/l)	T50B	262,71	261,99	261,72
	13	E2% (20ml/l)	T50A	130,97	130,48	128,2
	14	E2% (20ml/l)	T50B	198,2	197,61	177,5
	15	E3% (30ml/l)	T50A	223,71	223,05	222,49
	16	E3% (30ml/l)	T50B	225,3	224,49	223

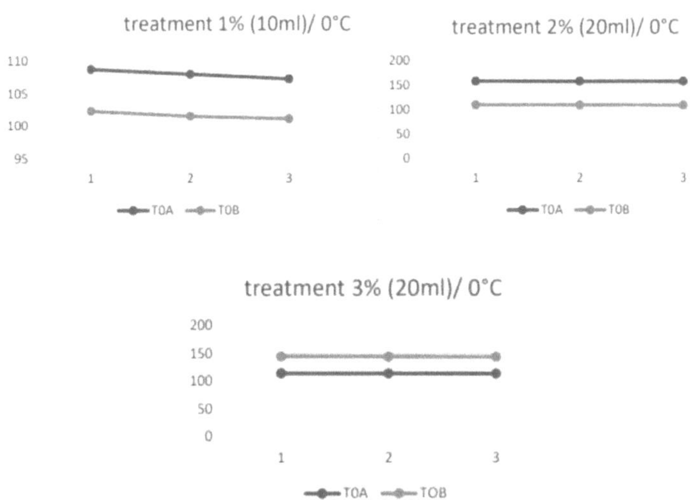

Figura 23: Peso das laranjas, tratamento com temperatura de 0°c e 1%, 2% e 3% de ethephon

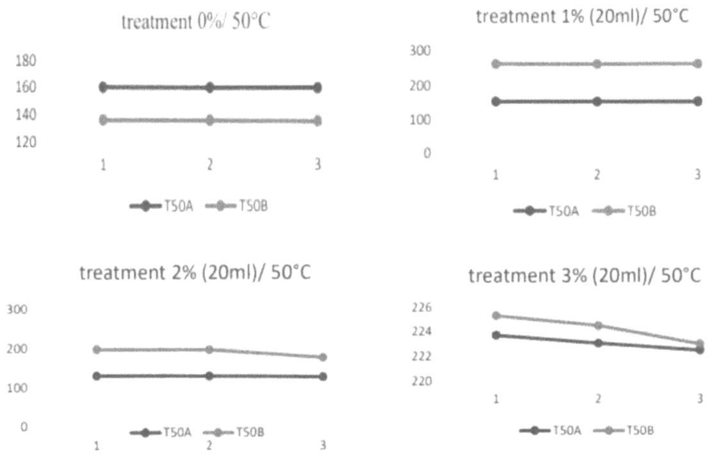

Figura 24: Peso das laranjas, tratamento com temperatura de 50°c e 0%, 1%, 2% e 3% de ethephon

❖ **Laranjas Cor, tratamento com 0%, 1%, 2% e 3% de etefão**

Quadro 9: Cor das laranjas Mesure

Fruit type	Number	Treatments / ethephore	Temperature (°C)	Colour (chromameter)		
				H (day 0)	H (day 3)	H (day 6)
Citrus	1	E0	T0A	-	-	-
	2	E0	T0B	-	-	-
	3	E1% (10ml/l)	T0A	99,14	104,01	99,67
	5	E2% (20ml/l)	T0A	113,11	103,75	91,94
	7	E3% (30ml/l)	T0A	114,27	95,49	89,4
	9	E0	T50A	107,69	104,84	97,37
	11	E1% (10ml/l)	T50A	118,67	117,27	110,81
	13	E2% (20ml/l)	T50A	105,65	114,33	115,35
	15	E3% (30ml/l)	T50A	120,16	118,05	117,89

Figura 25: Cor das laranjas por dia

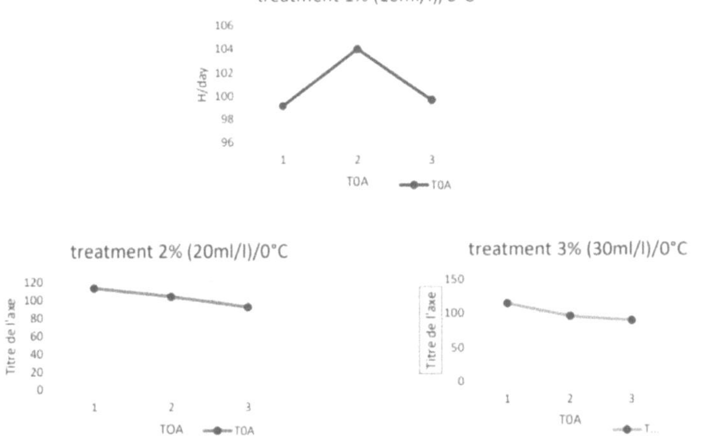

Figura 26: Cor das laranjas, tratamento com temperatura de 0°c e 1%, 2% e 3% de ethephon

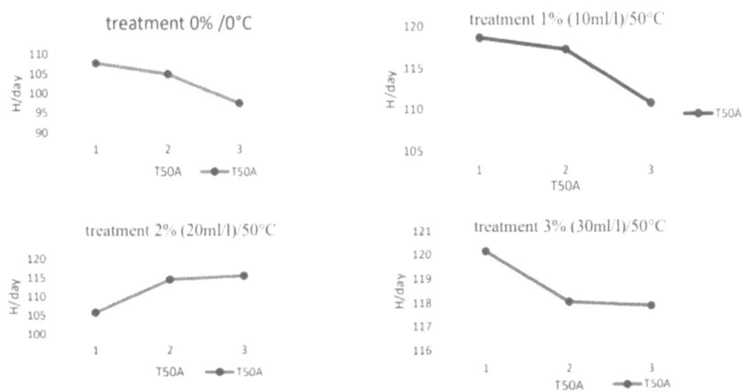

Figura 27: Cor das laranjas, tratamento com temperatura de 50°c e 0%, 1%, 2% e 3% de ethephon

Conclusão

A importância dos frutos vai muito para além do seu simples valor nutricional. Estão no centro de uma dieta saudável, de uma economia agrícola sustentável e desempenham um papel fundamental na promoção da saúde pública. A colheita de frutos representa muito mais do que uma simples atividade agrícola. Representa uma fusão de ciência, tecnologia e conhecimentos práticos para satisfazer as crescentes exigências do mercado alimentar globalizado.

A descoloração com concentrações de ethaphon de 1200 ppm tem mais capacidade para melhorar a cor da casca da laranja. Enquanto o tratamento com 0 ppm e temperatura (46,6°C) contribui para a deterioração da laranja. Durante o processo de amadurecimento, os citrinos perdem peso por transpiração.

A aplicação de ethephon tem mostrado resultados promissores no aumento da coloração dos citrinos, melhorando assim a sua comercialização. O ethephon também tem um efeito sobre a perda de água dos citrinos, mesmo que não seja significativo. Assim, temos de saber qual a melhor concentração de ethephon a aplicar para prolongar a conservação dos citrinos.

Referências

- Arzam T S. (2015). Pengembangan teknologi pembentukan pigmen jingga kulit buah jeruk Skripsi. Inst. Pertan. Bogor. Bogor

- Bondad N D. (1976). Resposta de alguns frutos tropicais e subtropicais a aplicações pré e pós-colheita de ethephon Econ. Bot. 30 67-80

- Brown A. (2016). Técnicas de manuseamento pós-colheita. Agriculture Today, 25(1), 45-58.

- Brown A. (2017). Usos industriais de frutas cítricas. Tecnologia de Processamento de Alimentos, 22(4), 215- 228.

- Brown C. (2018). Frutas e seu papel na prevenção da obesidade. Revista Internacional de Estudos sobre a Obesidade, 30(2), 201-215.

- Brown A. (2019). Caraterísticas varietais dos citrinos. Agricultural and Food Research Reviews, 28(2), 201-215.

- Garcia A., Martinez R., & Lopez S. (2020). Comércio global de laranjas: Tendências e impacto económico. Jornal de Economia Agrícola, 40(2), 215-230.

- Haller, M.H., P.L. Harding, J.M. Lutz, e D.H. Rose. (1931). A respiração de alguns frutos em relação à temperatura. Proc. Amer. Soc. Hort. Sci. 28:583-58.

- Jones B. (2016). Normas e regulamentos para a qualidade dos citrinos. Qualidade e Segurança Alimentar, 20(3), 301-315.

- Jones B. (2018). Requisitos ecológicos para o cultivo de citrinos. Ciência Ambiental e Agricultura Sustentável, 15(3), 101-115.

- Jones A., Smith B. (2020). Os benefícios para a saúde do consumo de frutas. Jornal de Nutrição e Saúde, 12(3), 145-162.

- Jomori M L L, Sestari I, de AM Terra F, Chiou D G e Kluge R A. (2010). Degreening of'Murcott'Tangor with Ethephon Treatments Ata Hortic. 815

- Ladanyia M e Ladaniya M. (2010). Citrinos: biologia, tecnologia e avaliação (Académico)

- Lee C., Adams R., e Martinez B. (2017). Factores que influenciam a qualidade dos citrinos. Journal of Horticultural Science, 35(4), 401-415. - Smith J., Adams R. e Lee C. (2018). Tempo ideal de colheita para a qualidade dos frutos. Journal of Agricultural Science, 35(2), 217-230.

- Liu, Y., Heying, E., & Tanumihardjo, S. A. (2012). História, distribuição global e importância nutricional dos citrinos. Comprehensive Reviews in Food Science and Food Safety, 11(6), 530-545. http://dx.doi.org/10.1111/j.1541-4337.2012.00201

- Mayuoni L, Tietel Z, Patil B S e Porat R. (2011). O desengorduramento com etileno afecta a qualidade interna dos citrinos? Postharvest Biol. Technol. 62 50-8.

- Saltveit M E. (1999) Effect of ethylene on quality of fresh fruits and vegetables Postharvest Biol. Technol. 15 279-92.

- Smith J. (2018). Processamento e utilização de frutas cítricas. Food Technology Reviews, 25(3), 301-315.

- Smith J., Adams R., e Lee C. (2019). Benefícios para a saúde do consumo de citrinos. Jornal de Química Agrícola e Alimentar, 67(12), 3401-3412.

- Turner, T., & Burri, B. (2013). Potenciais benefícios nutricionais do consumo atual de citrinos. Agricultura, 3(1), 170-187.

MIX
Papier aus verantwortungsvollen Quellen
Paper from responsible sources
FSC® C105338